知識繪本館

科學不思議 4 神奇植物吹泡泡

作者｜高柳芳惠
繪者｜水上實
譯者｜邱承宗
審訂｜胖胖樹（王瑞閔）

責任編輯｜張玉蓉
美術設計｜丘山
行銷企劃｜劉盈萱、陳詩茵

天下雜誌群創辦人｜殷允芃
董事長兼執行長｜何琦瑜
兒童產品事業群
副總經理｜林彥傑
總編輯｜林欣靜
版權主任｜何晨瑋、黃微真

出版者｜親子天下股份有限公司
地址｜臺北市 104 建國北路一段 96 號 4 樓
電話｜（02）2509-2800　傳真｜（02）2509-2462
網址｜www.parenting.com.tw
讀者服務專線｜（02）2662-0332　週一～週五 09:00~17:30
讀者服務傳真｜（02）2662-6048
客服信箱｜parenting@cw.com.tw
法律顧問｜台英國際商務法律事務所・羅明通律師
製版印刷｜中原造像股份有限公司
總經銷｜大和圖書有限公司　電話（02）8990-2588

出版日期｜2021 年 2 月第一版第一次印行
2022 年 10 月第一版第三次印行
定價｜320 元
書號｜BKKKC167P
ISBN｜978-957-503-714-7（精裝）

訂購服務
親子天下 Shopping｜shopping.parenting.com.tw
海外・大量訂購｜parenting@cw.com.tw
書香花園｜臺北市建國北路二段 6 巷 11 號　電話（02）2506-1635
劃撥帳號｜50331356 親子天下股份有限公司

國家圖書館出版品預行編目（CIP）資料

科學不思議．4：神奇植物吹泡泡 / 高柳芳惠文；水上實圖；邱承宗譯．-- 第一版．-- 臺北市：親子天下股份有限公司，2021.02
40 面；19.5x25.5 公分
注音版
ISBN 978-957-503-714-7(精裝）
1. 科學 2. 通俗作品

307.9　　109019982

科學不思議4

神奇植物吹泡泡

高柳芳惠・文　水上實・圖

邱承宗・譯

胖胖樹（王瑞閔）植物生態與人文作家、插畫家・審訂

七月的某個假日， 我帶著小孩到住家附近的公園玩。

在沙坑玩的時候，

我不經意看向前方的樹木：

「咦，這棵樹……」

只見樹的枝葉間，還掛著串串像鈴鐺一樣的綠色種子。

「難道是當年的『神奇果實』？」

那是發生在我念國小一年級的下課打掃時間。

由於前天下過雨，中廊地板被踩踏的到處都是泥濘鞋印。每個同學都皺著眉頭說：「哇，真糟糕！」

當時六年級的哥哥從校園旁的一棵樹上，摘了一粒綠色的果實放進水桶，然後用手在桶子裡不斷的攪拌。

接著，奇妙的事發生了。水桶裡竟然出現白色泡沫，而且用那泡沫水擦拭地面，一下子就乾淨了呢！

我驚奇的說：「好神奇的果實呀！」

哥哥笑笑的回答：「奶奶教的啦！」

我把在公園發現的果實帶回家，接著放入水中，然後興奮的攪動，不過完全沒有泡沫。

「難道它不是神奇果實嗎？」

「喔，對了！那時候哥哥好像有先把果實刮破，再放到水裡。」

我用指甲在果實表面劃了數道，接著輕輕攪拌幾回，嘿嘿，果然產生泡沫了。

越攪拌泡沫越多，於是我接著使用打蛋器攪拌，好奇會發生什麼事。

結果，泡沫漸漸變得細緻，還變成類似鮮奶油的狀態。

用這個泡沫水，竟然能把孩子在公園弄髒的鞋子清得很乾淨。它果然就是當年那個「神奇果實」。

但是，為什麼植物的果實能產生泡沫？還有，為什麼泡沫能清除污垢呢？

翻書查到「神奇果實」是野茉莉的種子，會起泡沫是因為種子中含有「皂素」這個化合物。

皂素存在於各種不同的植物中，英文名字叫做「Saponin」，字首「Sapo」即是拉丁語中「肥皂」的意思，也就是說皂素會像肥皂一樣產生泡沫，也具有如肥皂一般的清潔功效。

利用指甲劃開果實，只是為了使果實裡的皂素，更容易溶到水中。

皂素清除污垢

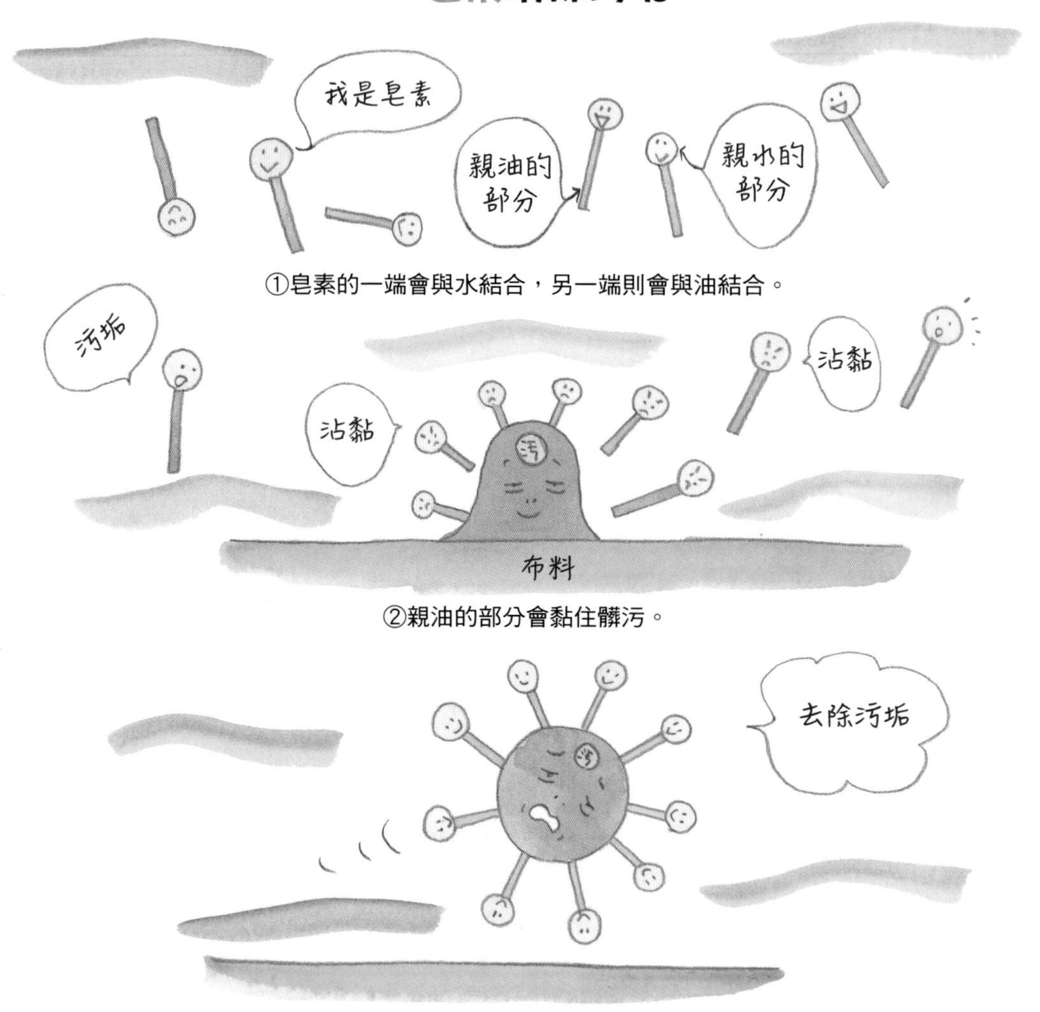

①皂素的一端會與水結合，另一端則會與油結合。

②親油的部分會黏住髒污。

③親油的部分團團圍住污垢時，污垢就會從布料脫落。

接著進一步調查得知，日本直到明治時代（西元1868年～1912年）才開始普遍使用肥皂。

在這以前，人們大都取用生活周圍的東西來去除污垢，例如洗米水、燃燒木材後的灰燼等，而最常使用的則是含有皂素的「發泡植物」，其中又以皂莢、無患子等植物的果實居多。

另外，也有浮世繪中，畫著攤販沿街兜售無患子製成的「泡沫水」，並有小孩吹著泡泡的模樣。

※ 臺灣是在日治時代 1895 年 ~1945 年間開始生產肥皂，不過昂貴而不普遍，一直到 1966 年，肥皂的消費率才達到最高峰。

※ 日本、中國的皂莢為同種，而「臺灣皂莢」只產於臺灣、菲律賓，但都具有皂素。

接著，我驚訝的在我家附近發現一棵無患子樹。

我所居住的地方，過去是一大片的農地和雜樹林，不過現在只剩下幾間農家。其中一間的農家庭院裡，有棵高大、結滿果實的無患子樹。

當我抬頭看著那棵樹時，有位彎著腰的老太太走過來。「果皮放入水中搓一搓，馬上就能產生泡沫，可以用來清除污垢。」她熱心的說。

我把果子帶回家沖洗乾淨，接著像以前的人一樣，把果子混著髒衣物，放在臉盆和洗衣板上搓揉，立刻就出現了泡沫，把衣服上的污垢都清洗乾淨了。

此後，當我走在街道上，就會特別注意無患子樹，並且留意古老的故事。

結果，好像到處都有無患子樹，還會出現在跟數字有關的兒歌裡。

一／嘎啦嘎啦
二／福壽草
三／橘子樹
四／楊枝樹
五／銀杏樹
六／無患子樹
七／南天木
八／八重菊
九／小梅樹
十／主君 再見

※ 截自日本兒歌「お手玉」。

另外，在昭和中期（1946年～1965年），許多日本家庭會在屋裡養蠶並獲取蠶絲，當時就是用無患子的果子清洗絲線和養蠶工具。

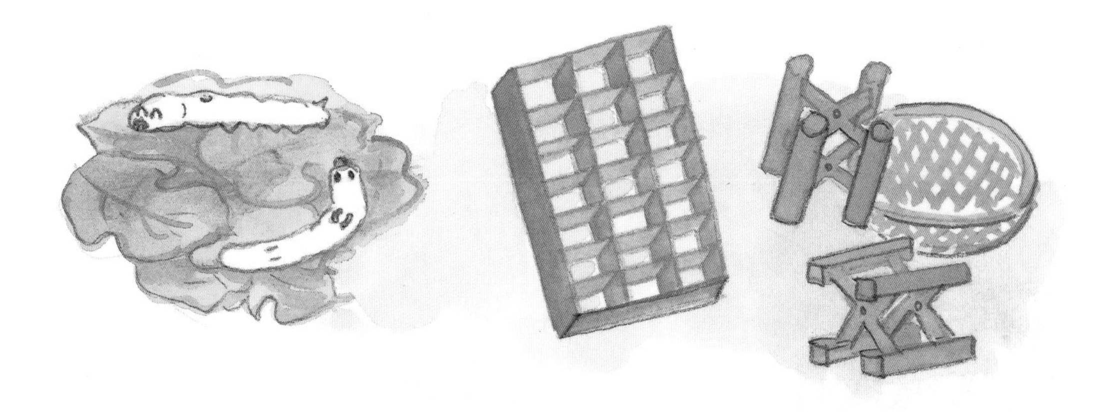

後來我還在河邊發現一棵皂莢樹。樹幹長滿尖刺，許多大而扭曲的豆莢懸掛在樹上，是棵非常有趣的樹。

「皂莢這個植物真的很喜歡溼潤土壤啊！很久以前，這條河的沿岸，就長滿了這種樹。當我還是孩童時，家裡也有棵大樹，我蒐集並晒乾那些扭曲的豆莢，就能用來清潔一整年的髒衣物。

皂莢的果實和尖刺能做成中藥，這些也可以在藥房買到。等到秋天來的時候，你就能撿到掉落地面的褐色豆莢。」

住在附近的老先生這樣說道。

另外，我還找到別的「神奇果實」，這是我嘗試吃日本七葉樹的果實時，無意中發現的。

在我居住的小鎮，有些路段把日本七葉樹當成行道樹。每年九月左右，大大的果實便會掉到路上。在以前，就有把這種果實製成栃餅的習俗。

這種果實具有濃郁的澀味和辛辣感，不能直接食用。但是要去除這些異味，是很費時又費工的事。正當我思考有沒有簡單一點的方法時，突然想到「製作橡實麻糬時，會用攪拌機把果實攪碎，並在水中釋放異味」。我決定試一試這個方法。

※ 栃餅是日本過年時會吃的一種麻糬。

「把日本七葉樹的果實弄得碎一點，說不定就會有效了。」我立刻將果實去皮，加上少許水分，一起放入攪拌機中，然後抱著期待的心按下電源開關。

結果，竟然冒出一堆泡泡，甚至多到溢出來了！

經過調查，我發現這種泡沫是皂素造成的。原來日本七葉樹的果實中，含有大量的皂素！

結果，這種方法不能擺脫異味，卻意外獲得另一個極好的資訊。

到目前為止，我獲得了四種「神奇果實」。不過，當我看著果實時，突然感到有些困惑。

「難道只有果實才有皂素嗎？」

於是我決定調查花朵、葉片和樹枝。

這些植物是否含有皂素，判斷依據是：有皂素成分就一定會起泡。

我把要檢查的植物放進透明、裝著水的塑膠瓶中，然後用力搖晃，再觀察泡沫的狀況。泡沫越多，表示所含的皂素也越多。

皂素產生的泡沫有個特點：它們持續的時間，與肥皂泡沫持續的時間差不多，不會立即消失。

但是，如果將樹枝和樹葉直接丟到水中，並不會產生泡沫，要盡可能的劃開樹枝表面、壓碎葉片，好讓皂素輕鬆溶入水中。

實驗結果是——這四種植物

整株都含有皂素、能產生泡沫，

※ 依調查時間、植物狀況的不同，皂素的含量會有些變化。

而果實的部分最能產生泡沫。

除了「神奇果實」以外，我也試著尋找其他的「神奇植物」。

首先是經過攪拌，也能看到泡沫的抹茶。抹茶是把茶葉磨成粉狀，用一種名為「茶刷」的工具劇烈攪拌，打出細小泡沫來飲用。

那麼，綠茶、紅茶或烏龍茶呢？

這些茶種的顏色、香氣和口感完全不同，製作的方式也不同，

不過全部都是茶葉製成。

這些都會發泡，

而且泡沫都不容易消失，

因為茶葉裡也含有皂素。

為了更了解茶樹，我打開了植物圖鑑。

茶樹屬於「山茶科」。我所認識的植物相繼在「山茶科」出現，每種山茶花看起來都長得很像。

植物圖鑑根據特徵，把類似的植物分為豆科、山茶科、薔薇科等，因此同科的植物，應該具有共同的特性。

難道所有山茶科的植物，

都會產生氣泡嗎？

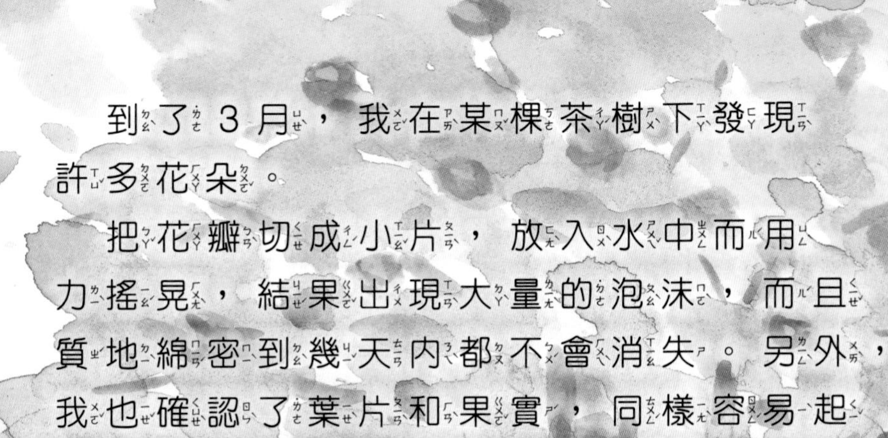

到了3月，我在某棵茶樹下發現許多花朵。

把花瓣切成小片，放入水中而用力搖晃，結果出現大量的泡沫，而且質地綿密到幾天內都不會消失。另外，我也確認了葉片和果實，同樣容易起泡。

另一種花朵相似的山茶花，搖晃後並沒有立即起泡，不過放置一天再搖晃，通常都會起泡沫。

顯然，即使都是山茶科的植物，也有各種不同的起泡性。

某日，我在廚房煮大豆時，不小心把湯水灑在鍋具的周圍，使得流理臺到處都是泡沫，忍不住嘆氣說：「唉，這樣很難打掃呀！」

「咦，泡沫？等等，這也是『神奇果實』嗎？」

我立刻把生的大豆放入水中浸泡一晚，隔天再用力搖晃一會兒，結果出現許多細小的泡沫。換句話說，大豆也含有皂素。

現在知道像皂莢和無患子等植物，裡頭內含的皂素會用來清洗。不過，大豆、茶葉等食品，也含有皂素。那麼，皂素到底是什麼？

我仍然不清楚為什麼有些植物含有皂素，以及皂素到底扮演什麼角色*。

但是根據種子和果皮中含有大量皂素的實驗結果，我猜測或許是因為植物無法任意移動，所以才會用皂素來保護自己不受外敵入侵吧！

長期以來，人類運用智慧把這種含有皂素的植物，使用在清潔劑、消除異味的溶劑和緩解喉嚨痛的藥物上。

＊後記：目前得知皂素在植物中扮演著「抗菌」的功能。

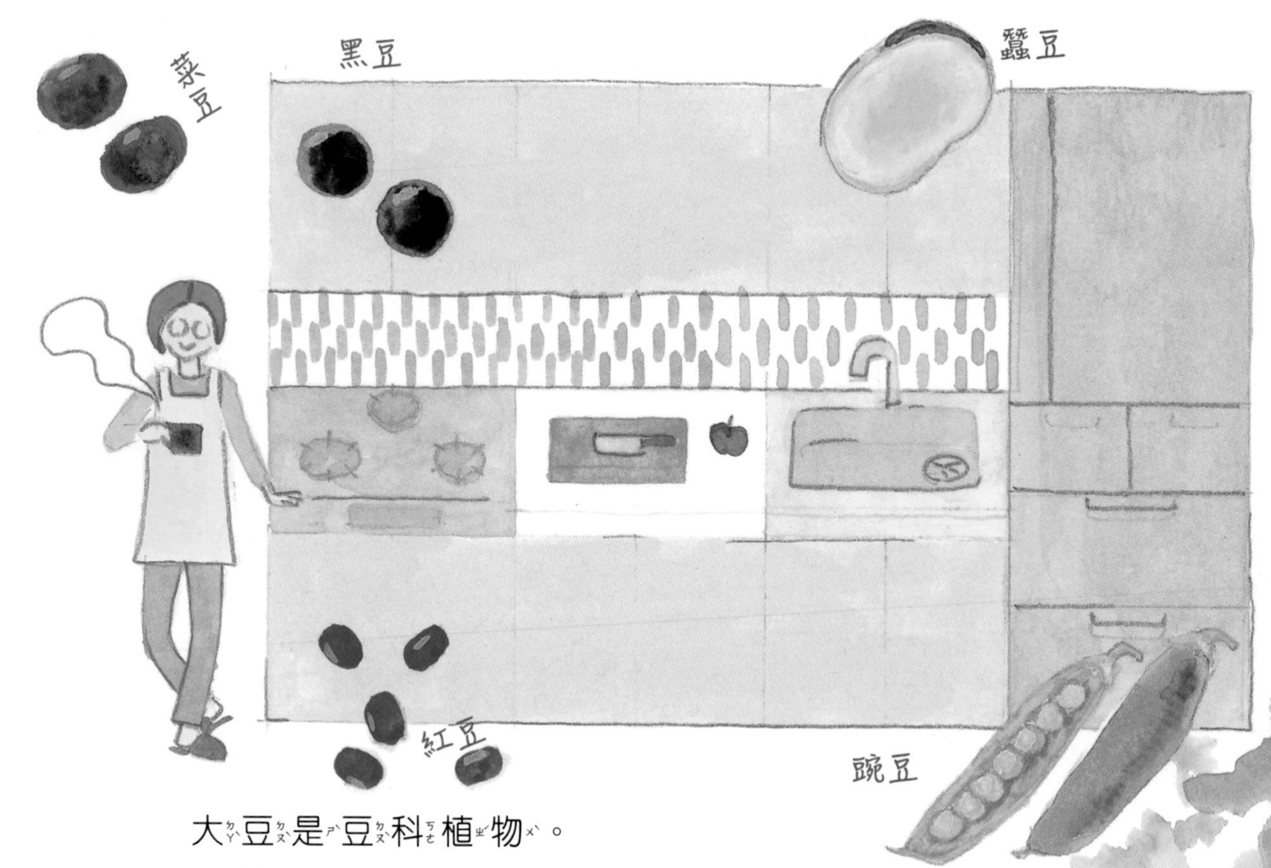

大豆是豆科植物。

我繼續尋找同樣是豆科的植物，發現許多會起泡的種類。

有些連葉片和莖都有很好的起泡性，尤其是豆子和外頭的豆莢，起泡性特別好，後來才知道這是因為豆子和豆莢含有大量的皂素。

合歡

木藍

布什三葉草

豆子是「豆科」的種子，含有豐富的營養。但也有些種類為了繁衍後代，而發展出人類不能食用的設計。

經過各種方式，找到許多含有皂素的植物，終於可以嘗試吹泡泡了！

然而，我發現用皂莢、無患子和日本七葉樹的果實一起製成的泡泡水，吹出的大泡泡可以輕易擊敗江戶時代的孩子所吹出的泡泡！

※ 據歷史資料顯示，江戶時代（1603 年 - 1867 年）就有孩子用無患子做出的泡泡水來吹泡泡。

不過，某些植物卻不適用，甚至是起泡性極佳的野茉莉、山茶花，吹出的泡泡都是輕輕「啵」一聲就破掉了。

起初我採用新買的塑料吸管，但是在江戶時代並沒有塑料吸管，於是試著使用稻草和蘆葦莖來吹泡泡，不過應該還有其他空心的植物。

我立刻展開搜索，卻發現了有趣的事。不只是雜草和樹枝，連廚房裡的蔬菜也可做成吸管，而且還比塑料吸管好用得多，這是因為植物莖的內部厚度不均勻，因此比起在光滑的塑料中，肥皂液更容易積聚。此外，當使用不同厚度、粗細的莖桿時，很明顯的，比較細的莖桿更容易吹出泡泡。

即使不能製造大型的泡泡，也有既簡單又容易入手的有趣玩法！

輕吹吸管，蓬鬆的泡泡就噗嚕噗嚕的跑出來，簡直就像變魔術一樣。

當我找到一種又一種含有皂素的植物後，我逐漸陷入玩泡泡的樂趣中。

但是可用的植物會受到季節限制，很快的，有些就變得無法使用。我很失望，會想著「如果現在有那種植物的話」就好了。

某年颱風過後，許多未熟的果實掉在無患子樹下。我立刻帶回家，不過卻很快發霉、發臭。

「對了，如果去除水分、加以乾燥，也許能保存久一點。」我把果實排在烤盤上，再放入烤箱中慢慢烤。結果發現這種方法簡單、好做，並且不會破壞果實的發泡效果。我後來有一段時間都喜歡用這個方式，來保存無患子的果實。

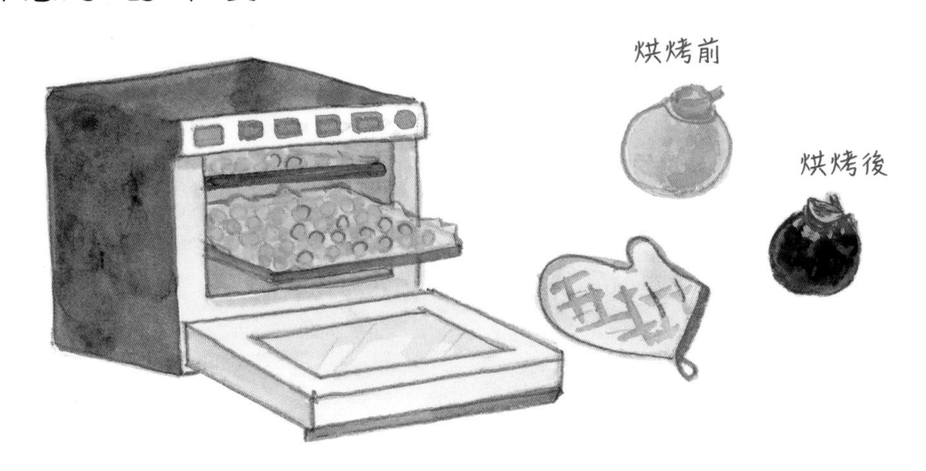

我還嘗試把快要枯萎的東西拿去冷凍起來，例如花朵和葉片。同樣的，解凍後拿來使用時，泡泡仍會產生。

經過前面的嘗試，我知道即使改變了溫度，或是放置時間變長，都不會影響皂素的發泡性質。

這些東西儲存下來，便能隨時玩吹泡泡了。

有一次，我用烤箱烘烤無患子果實，做成泡泡水的時候，我不小心打翻了瓶子。

「哇，好浪費呀！」我反射性的用吸管吹倒出來的液體，結果很容易就吹出一個半圓形泡泡。

我很高興，於是順便檢查了其他的「發泡植物」。

然後，即使不吹圓形的泡泡，我也可以製作半圓形的泡泡。

有了這個經驗後，我想再從放棄的「發泡植物」中，努力看看能不能吹出泡泡來。

我看著樹枝和草本植物的莖，不禁猜想：如果這些莖有孔，也許可以做成吸管。

有一天，我在空地調查，注意到常見的雜草「馬唐草」，細瘦的莖具有吸管的形狀，根部最厚的直徑只有 2 毫米，這樣可以做成吸管嗎？

由於之前把各種植物的莖桿當成吸管時，就發現細莖比較容易吹出泡泡，所以我就先把馬唐草的莖帶回家測試。

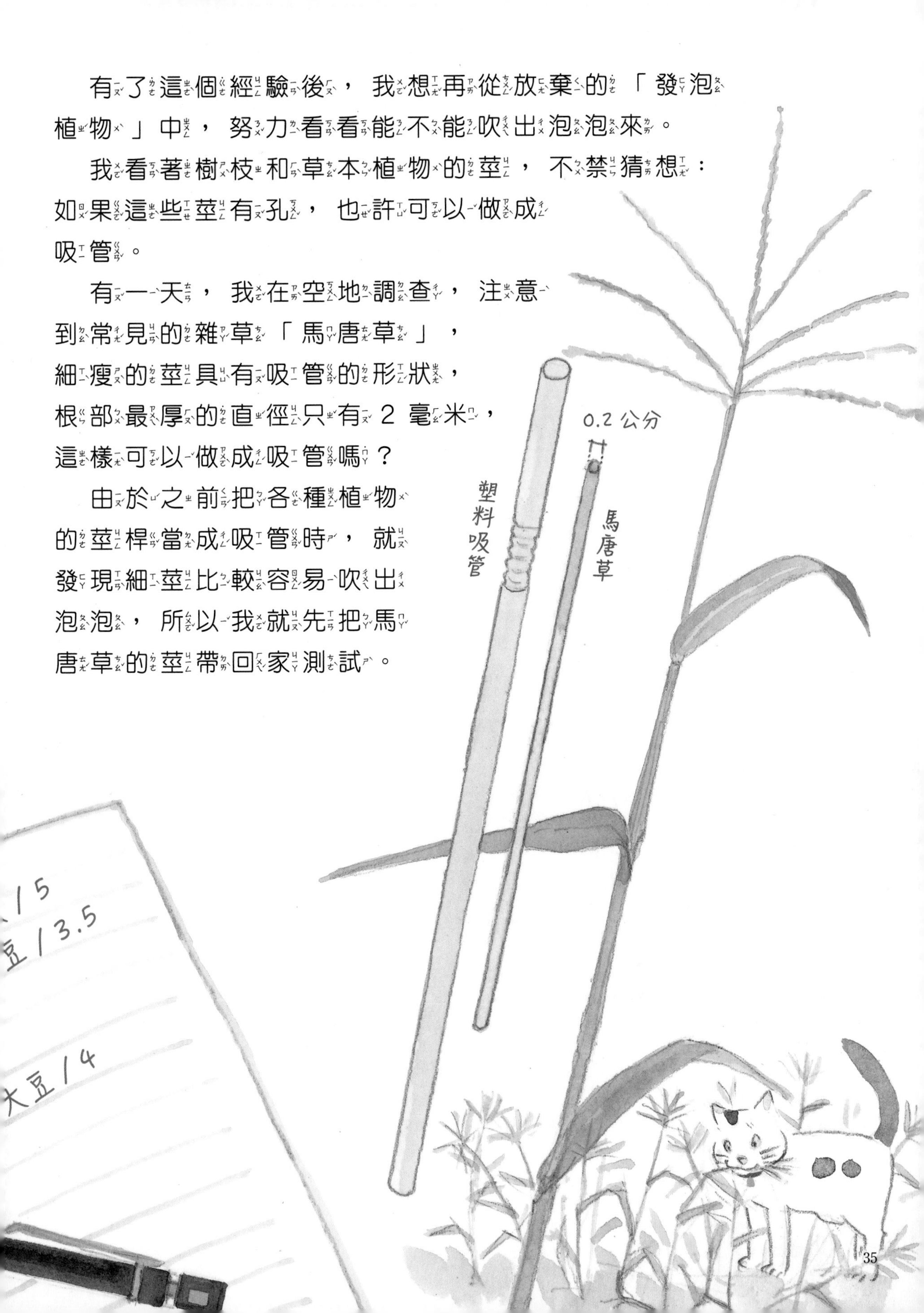

我用無患子製成泡泡水，並用馬唐草吸管吹氣，結果小泡泡一個個冒了出來。

「啊，也許可以這麼做！」

我立刻拿出冷凍的山茶花瓣製成泡泡水，然後再用馬唐草的吸管吹氣。

「果然可以。」

之前一直無法用山茶花泡泡液吹出泡泡，如今也能吹出直徑 4 公分的泡泡了。

我注意到吸管越細，吹出來的泡泡越難破裂。

除了因為用力吹氣，會讓泡泡破裂外，大量空氣的灌入，也是泡泡破裂的主因。

在這方面，超細的莖桿末端所輸送的空氣量也是非常小吧！

所以，拿植物泡泡水來吹泡泡，最好的方法就是「用細細的吸管輕輕吹氣，讓泡泡慢慢膨脹」。

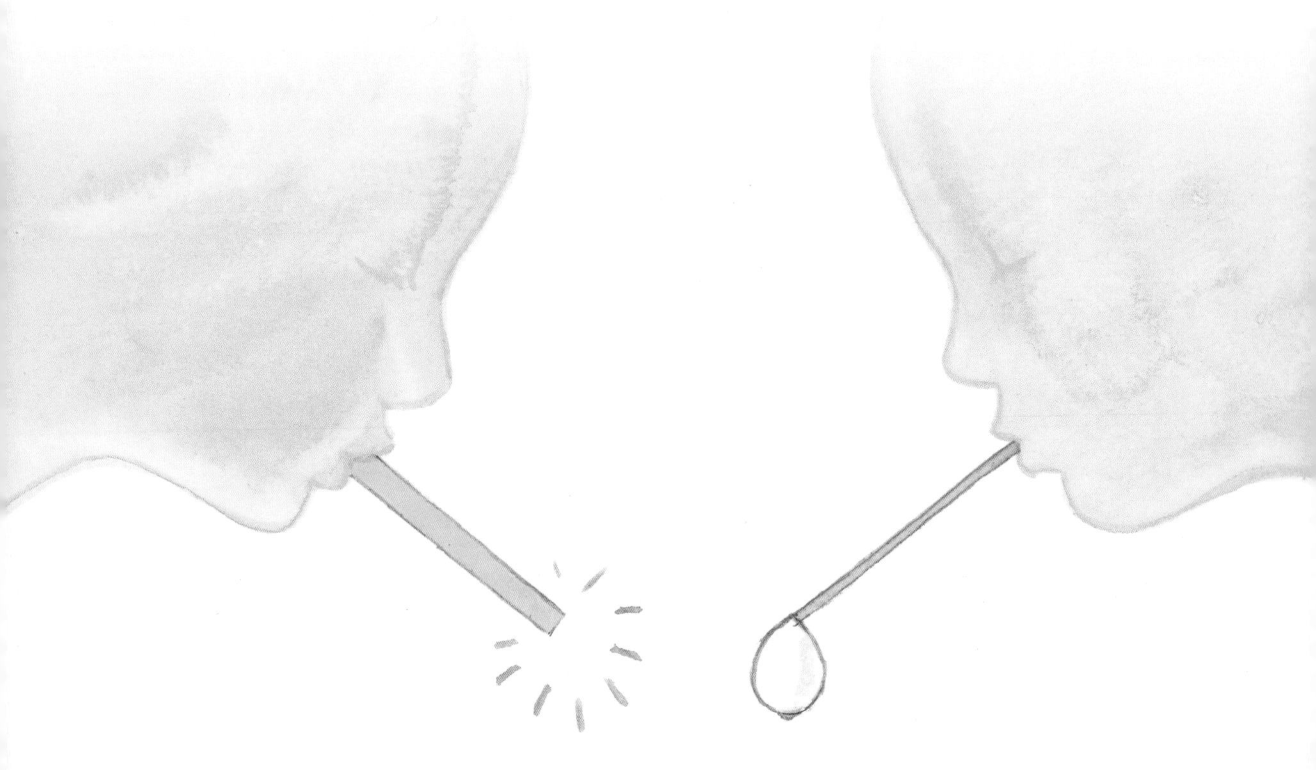

這種泡泡水可不像商店出售的泡泡水那樣可以用力吹氣，它屬於比較細緻的泡泡水，必須輕輕吹氣才能成功膨脹。而思考如何吹出泡泡，並且挑戰怎麼做到，也是相當有趣的事。

當然，除了馬唐草，我還搜尋了其他的細莖桿植物，例如小麥、三葉杜鵑等。

用植物玩泡泡並不是每次都有效。這是因為即使是同一種植物，不同株或不同棵的皂素含量都不同；同一種植物在不同季節長出來，皂素含量也不一樣。

就因為如此費時嘗試，當泡泡成功吹出來的時候，我就會很開心。

製作植物泡泡液和吹泡泡的訣竅

1. 把植物盡可能弄得細一點。

2. 植物放入水中後，等待一會兒，就會釋放出更多的皂素。即使不會立即起泡，放置 1-2 日後也可能產生泡沫。

我將繼續尋找更多的魔法植物， 並發掘更多有趣的遊戲。

3

想辦法吹出泡泡。

- 嘗試更改吸管的厚度、類型。
- 輕輕向下吹氣。

4

使用皂莢、無患子、日本七葉樹的皂素時，即使皂素的濃度很高，泡泡也不會過度膨脹。因此，要先製作濃稠液體後，再慢慢加水稀釋、觀察吹泡泡的情況。

怎麼製作無患子洗手液

點心吧！來吃

好喔！

準備材料

20-25 個無患子種子、300 毫升的水、裝泡沫洗手液的容器

製作步驟

1. 把果實分離出果肉和種子。
2. 將果肉放入已經裝好水的瓶子裡。
3. 放置 3 天以上，直到果肉釋放出皂素。
4. 煮 15 分鐘。
5. 冷卻後，將液體放入容器中。

注意：
如果引起皮膚不適，請立即停止使用並用清水沖洗。
使用瓦斯爐時，請務必與成人一起製作。

不思議日報

作者的話

神奇的植物

文／高柳芳惠

從二十多年前，我便開始尋找「神奇植物」。現在，只要到網路上搜尋「皂素」這個名詞，就會列出所有具有皂素的植物，但是在當時我別無選擇，只能花時間一一尋找，並享受玩泡泡的樂趣，所以就找到極細的吸管，或啟發泡沫洗手液的想法。

即使這樣，就是因為這些不是費心想到的，而是不經意的突發奇想，然後實際去實驗時可能又有不同的發展，所以才覺得有趣。例如原本我以為蓮的葉柄可以當成吸管，結果後來卻被我拿來做「毛細現象」的實驗。另外，我很驚訝蓮藕裡面有很多小孔，於是又趕快拿來當吸管試一試，然後泡泡就以一種有趣的方式出現了。還有一次，我拿齒葉溲疏的莖來當吸管時，正當我以為裡頭堵塞時，卻出現了雙氣泡。

用植物製成的泡泡液，吹出的泡泡不論顏色、形狀、大小和變化程度，都無法與中性洗劑做的相比，但是它們能大到什麼程度，以及如何讓它們有效的脹大，則是充滿樂趣。無論如何，找到自己覺得有趣的玩法才是最棒的。

也因為這次要出版這本書，在找童書相關的資料時，發現了一些事。例如，在《小灰兔》[註1]的創作中，小灰兔蒂姆的媽媽有時會使用肥皂草桿清洗骯髒的嬰兒鞋。在西方，肥皂草似乎經常被當做清潔劑（當然我以前也用過）。

此外，我在《詢問納瓦荷族》[註2]一書，找到一種名為「絲蘭」，可以用來清洗頭髮的植物。於是從中我獲得靈感，而找到我熟悉的鳳尾蘭根部，發現它也能起泡！也就是說，當我打開搜尋雷達後，就在各處找到了許多情報。

2018 年某天，我聽報導說到在繩文時代的遺跡中，發現了無患子樹。我想像著一萬年前，繩文時代的孩子們也玩過無患子製成的泡泡液。吹泡泡這個遊戲，想必也讓他們無法抗拒吧！

就是這樣，從「神奇植物」而來的「想知道」魔力，將會繼續下去！

最後，我想介紹一個跟無患子有關的落語[註3]「茶湯」。一位不知道茶道的退休人士，邀請鄰居參加茶會，但是卻使用了綠色的無患子粉末代替抹茶，嗯……你敢喝嗎？聽聽就好，那麼恕我告退。

註

1 原書名為《Tim Rabbit》，童心社出版，是英國作家 Alison Uttley 的作品。Alison Uttley 著有 100 多本書，並以《小灰兔》和《山姆豬》的兒童系列節目而聞名。

2 原書名為《ナバホの人たちに聞く》，福音館書店出版。納瓦荷族是美國西南部的一支原住民族，為北美洲地區現存最大的美洲原住民族群，人口據估計約有 30 萬人。

3 日本的「落語」，類似單口相聲的型態。

作者簡介

高柳芳惠

1948 年出生於日本栃木縣，現今在以親子為對象的自然觀察會、圖書館導讀故事。另外，因為非常喜歡自然，致力於動植物研究。出版過的科學讀物包括《櫟樹洞穴的祕密》、《落葉沙沙》、《落日散步》、《誰丟了櫟實？》，還有榮獲產經兒童出版文化賞受賞的《冬天中活在樹葉後面的蝴蝶》。

導讀

嶄新又奇妙的泡泡世界

文／胖胖樹（王瑞閔）
（植物生態與人文作家、插畫家）

這本繪本將簡單的題目寫得淋漓盡致，令人由衷佩服，包含找尋發泡植物和吹泡泡兩大重點，都非常精采。

從奶奶的智慧開場，講述皂素名稱由來、清除污垢的原理、肥皂簡史，甚至藝術作品中的肥皂水，開篇就引人入勝。而後作者開始尋找其他已知含有皂素的植物，並列舉這些植物在日本文化中的意義。意外發現另一種含有皂素的植物後就開始實驗，看看植物不同部位，是否都含有皂素而能夠產生泡泡。到這邊，就能看出作者實驗的精神。這樣的好奇心與行動力，著實令人欣賞與敬佩。但是，如果以為這樣就結束了，那就大錯特錯，這些都只是開始。

作者進一步從生活中喝茶、煮飯的小細節推測，許多飲食中重要的植物應該都含有皂素。這除了是對於生活細節的敏感，也是大膽假設，並實際求證的過程。除了列出含有皂素的植物，簡單介紹植物分類，也從生態的角度講述植物為什麼含有皂素。

從皂素延伸到吹泡泡——這是一開始就預留伏筆，也是本書另一個重點。一開始或許會想：「吹泡泡有什麼好實驗的？」但，這就是作者厲害之處。

「工欲善其事，必先利其器。」要吹出好的泡泡，就得先有絕佳的吹泡泡工具。作者這時又開始帶大家認識可以吹泡泡的植物，從雜草、樹枝到蔬菜，一個一個觀察，然後實驗。帶領讀者發現植物的莖管，因為結構的差異，如何影響吹出來的泡泡大小。還有同樣含有皂素的植物，也並非都能夠吹出大泡泡。想要能順利吹出大泡泡，是需要技巧的。大家可以從書上找到答案。

最後是泡泡的保存方式。因為植物果實不是四季都有，於是作者想保存這些含皂素的植物。經由高溫和低溫實驗後，得到保存這些皂素的方法，也發現了季節對植物皂素含量的影響。

書中揭露了如何從細節尋找答案。裡頭包含化學、物理、植物學、物候學等不同領域的知識，藉由各種觀察與實驗，帶著讀者找到最適合吹泡泡的植物和最佳吹泡泡的方式。同時還結合了歷史、文化，讓我們得以進入泡泡浩瀚的世界。

「處處留心皆學問」，從一個生活小細節開始，因為好奇心使然，讓作者一步一步走進泡泡的世界。看似平凡無奇，大人或許會覺得不就是這樣嗎？背後卻藏著許多我們可能都沒有想過，也不知道的知識。

這本書極適合所有人一起來閱讀。除了學習有趣的知識，我們也可以帶著孩子們從一連串的好奇、疑問，再動手實驗，來培養孩子自學的能力與實驗精神。而大人更能透過這本書，時時提醒自己保持對這世界的好奇心。

趕快栽入這本書裡，您將發現一個嶄新而奇妙的泡泡世界。

繪者簡介

水上實

1967 年生於北海道札幌市。當過設計師幾年後，才開始從事插畫工作。作品散落於教科書和報章雜誌，同時也挑戰製作電視節目，例如 NHK 電視臺《討論國》。這本是繼《包布巾奶奶》、《皺皺的乾貨很美味》後，在福音館書店出版的第三部作品。現在是東京插畫協會會員。

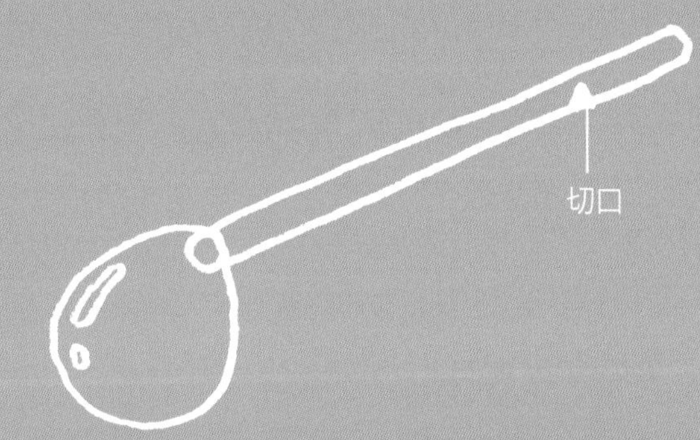

★ 吹泡泡時，請不要喝泡泡水。

　如圖所示，在吸管留個切口，以防不小心喝到。

★ 使用前，請澈底清洗當成吸管的植物。

★ 在吹泡泡中，雙手可能會接觸植物，泡泡水也可能會沾到手。

　留意使用的植物類型，若身體出現不適，請立即停止並看醫生。

本書製成，感謝邑田裕子小姐的協助。